Schriftenreihe des
Österreichischen Wasserwirtschaftsverbandes
Heft 14

Über den derzeitigen Stand der Bauarbeiten am Tauernkraftwerk Kaprun

Von

Direktor Dipl.-Ing. **Hans Böhmer**
Kaprun

Mit 22 Textabbildungen

Wien
Springer-Verlag
1949

ISBN-13: 978-3-211-80117-8   e-ISBN-13: 978-3-7091-5522-6
DOI: 10.1007/978-3-7091-5522-6

Erweiterter
Sonderabdruck aus der ,,Zeitschrift des Österreichischen
Ingenieur- und Architekten-Vereines", Heft 23/24, 1948.
Softcover reprint of the hardcover 1st edition 1949

Geleitwort.

Die Hohen Tauern sind der östliche Teil der Zentralalpenkette, die den hochalpinen Charakter dieses vom Mittellandischen Meer bis zur Donau reichenden Hauptkammes des Mitteleuropa beherrschenden großen Gebirgszuges aufweist. Sie sind das einzige Stück dieser Kette, das in seiner Gesamterstreckung in Österreich liegt, und bedecken eine Fläche von über 5700 km². Ihre Hohenausdehnung erstreckt sich von nahezu 4000 m (Großglockner 3798 m ü. A.) bis unter 500 m ü. A. (Drau am Pegel Villach 486 7 m ü. A.). Die Niederschlagshöhe steigt in ihren Hochgebirgsregionen auf über 2000 mm/Jahr.

Der Bereich der Hohen Tauern gehort daher zu den wichtigsten österreichischen Wasserkraftgebieten und es ist durchaus begreiflich, daß die Wasserkrafttechniker schon frühzeitig ihr Augenmerk auf seine Ausnutzung gelenkt haben; die Pläne für verschiedene Großkraftprojekte reichen denn auch auf Jahrzehnte zurück.

Um 1920 entstanden die ersten Pläne zur mehr oder weniger totalen Erfassung des gesamten Gebietes, die in zwei auf einander diametral gegenüberstehenden Grundsatzen aufgebauten echten Konkurrenzentwürfen um das Jahr 1930 ihren vorläufigen Abschluß fanden.

Gemeint sind das auf dem Grundsatz einer volligen Zentralisierung des gesamten Wasseraufkommens in einer einzigen Kraftwasserstraße fußende Projekt der Allgemeinen Elektrizitätsgesellschaft Berlin und der auf dem Grundsatz der Abarbeitung des Wasserschatzes nach den vier Ecken des Gebietes fußende Ausbauvorschlag der Österreichischen Kraftwerke A. G. Linz.

Die Zeit der Weltwirtschaftskrise nach dem Jahre 1930 war einer Abklärung dieser beiden Grundgedanken und damit der Herausarbeitung eines vernünftigen, ausbaufähigen Gesamtentwurfes wenig günstig, und so wurde nach der Besetzung Österreichs, man möchte sagen über Nacht und ohne ausgereifte Entwürfe, im Jahre 1939 mit dem Ausbau eines Teilgebietes durch die Alpenelektrowerke A. G. Wien begonnen, das durch zwei große Speicherräume und die kürzeste Abarbeitungstrasse ausgezeichnet war: der Kraftwerksgruppe Glockner—Kaprun, die in ihren wesentlichen Elementen im ÖKA-Entwurf vorgezeichnet war. Die Hemmungen, die die Kriegswirtschaft — da sie seine Erfolge nicht mehr für die Kriegsführung erwarten konnte — dem Wasserkraftausbau bereitete, verursachten, daß von dem Gesamtprojekt bis heute nur ein Teil als Laufwerk mit knappem Tagesspeicher in Betrieb genommen werden konnte. Die erste Maschine läuft seit Herbst 1944.

Die Kraftwerksgruppe Glockner—Kaprun kann als das Herzstück jenes Organismus angesehen werden, den wir als österreichische Elektrizitätswirtschaft bezeichnen. Sind doch die österreichischen Alpen arm an großen Speicherräumen und die wenigen ausbauwürdigen Räume liegen weit entfernt von dem Schwerpunkt des Verbrauchsgebietes im Dreieck Wien—Linz—Graz. Unter diesen Speicherräumen sind die der Kraftwerksgruppe Glockner—Kaprun am weitesten nach Osten vorgeschoben.

Es ist daher unbestritten, daß der Ausbau dieser Kraftwerksgruppe in ihrer Gesamtheit zu den wichtigsten Bauaufgaben der österreichischen Kraftwasserwirtschaft gehört, und es darf als erfreuliche Tatsache festgestellt werden, daß das von österreichischen Technikern stammende Konzept heute ohne wesentliche Änderungen beibehalten werden kann. Diesen führenden Männern der AEW wird man die Anerkennung nicht versagen können, daß sie inmitten eines sich in gigantischen Zahlen austobenden Machtrausches an den naturgegebenen Proportionen festgehalten haben. Die Bedeutung dieses Bauvorhabens und die vielen Diskussionen der begreiflicherweise höchst interessierten Öffentlichkeit über Kaprun lassen es angezeigt sein, schon jetzt — während der Ausführung der großen Talsperre der Hauptstufe — der Fachwelt einen Bericht über den Stand der Bauarbeiten zur Verfügung zu stellen, der zur richtigen Zeit durch eine ausführliche Darstellung des Entwurfes, seiner Geschichte und der gesamten Bauausführung ergänzt werden wird. Die auf Grund des 2. Verstaatlichungsgesetzes zur Durchführung dieses Baues im August 1947 gegründete Tauernkraftwerke A.G. gibt damit einen Rechenschaftsbericht über ihr erstes Baujahr, das trotz der Ungunst der Witterung des Sommers 1948 die volle Erfüllung des im Winter 1947/48 ausgearbeiteten Bauprogrammes gebracht hat.

Wir sind der Überzeugung, daß nunmehr — nach Überwindung der Schwierigkeiten der ersten Nachkriegsjahre und nach Schaffung der endgültigen Organisation der Österreichischen Elektrizitätswirtschaft — nicht nur die Fertigstellung des Winterspeichers der Hauptstufe nach dem vorliegenden Programm fristgemäß erfolgen wird, sondern daß wir auch imstande sein werden, das ganze Konzept der Kraftwerksgruppe Glockner—Kaprun in einem vernünftigen, unseren wirtschaftlichen Möglichkeiten entsprechenden Zeitraum zu vollenden.

O. Vas.

Über das Tauernkraftwerk Glockner-Kaprun, das heute so wie viele andere Kraftwerke infolge der Stromnot der vergangenen Monate in aller Munde ist, sind selbst in Fachkreisen derart widersprechende und manchmal unrichtige Ansichten verbreitet, daß sich die Tauernkraftwerke A. G. entschlossen hat, einem Kreis von Fachleuten in großen Zügen über die derzeitige Baulage und den derzeitigen Stand der Bauarbeiten zu berichten. Dies scheint um so notwendiger, als das Tauernkraftwerk bereits den dritten Bauherrn hat. Stammt der Entwurf von der Alpen-Elektrowerke A. G., die auch 1939 mit den Bauarbeiten begann, so übernahm nach dem Kriege infolge der Beistellung der finanziellen Mittel durch die österreichische Bundesregierung ein vom wirtschaftlichen Ministerrat eingesetztes Baukomitee die Durchführung des Baues. Auf Grund des Zweiten Verstaatlichungsgesetzes vom Jahre 1947 wurde am 1. August desselben Jahres die Tauernkraftwerke A. G. gegründet, die nunmehr die begonnenen Arbeiten zu Ende zu führen hat. Es braucht nicht besonders betont zu werden, welche Schwierigkeiten entstehen, wenn Gegebenheiten übernommen werden müssen, die auf Grund ihres fortgeschrittenen Baustadiums eine Änderung nicht mehr zulassen. Solange Planungen und Entwürfe allein bestehen, werden diese immer den Zeitumständen und dem Fortschritt der Technik entsprechend Änderungen erfahren können und sogar müssen. Wenn aber einmal zur Ausführung geschritten wurde und die mit der Verwirklichung des Planes betraute Führung wechselt, so ist es das Los der Vorgänger, daß ihnen die Nachfolgenden vorwerfen, dieses und jenes hätte besser gemacht werden können, und es ist der große Nachteil der Nachfolgenden, daß sie an irgend etwas weiterbauen müssen, was durch neue Erkenntnisse und geänderte wirtschaftliche Verhältnisse als nicht mehr zeitgemäß und okonomisch erscheint. Es kann dann nur mehr Aufgabe sein, durch Anspannung aller Kräfte die begonnenen Arbeiten zum vorteilhaftesten Ergebnis zu bringen. Diese Ausführungen sind also auch eine Art Rechenschaftsbericht hierüber, was durch die Arbeiten der Vorgänger ein für allemal festgelegt ist und woran sich im Prinzip nichts mehr ändern läßt. Die Fertigstellung des für Osterreich bedeutendsten Bauvorhabens kann daher infolge der Gegebenheiten nur durch die Zusammenarbeit aller beteiligten Stellen zu einem gedeihlichen Ende geführt werden.

Weiters soll auch über die Frage Auskunft gegeben werden, die jeder stellt: Wann wird Kaprun Strom liefern und wann werden die Bauarbeiten beendet sein?

Die Absicht, geeignete Speicherraume im Tauerngebiet der Energiewirtschaft nutzbar zu machen, geht schon bis auf das Jahr 1922 zurück. Ab 1928 wurden die ersten Projekte durch die Allgemeine Elektrizitätsgesellschaft aufgestellt und im Jahre 1938 durch die Alpen-Elektrowerke A. G. jener Teil in den Tauern zur Ausführung vorgesehen, der am raschesten zur Energiegewinnung herangezogen werden konnte. Wenn auch das Arbeitsgebiet der Tauernkraftwerke A. G. im Verstaatlichungsgesetz nicht fest umrissen ist, so kann doch im großen und ganzen gesagt werden, daß es Aufgabe der Gesellschaft sein wird, alle Möglichkeiten der Wassernutzung in den Hohen Tauern zu erfassen.

Die schon seit langem vorliegenden Ausbaupläne für die nutzbaren Gewässer in den Hohen Tauern, deren Ausbau in das Arbeitsgebiet der Tauernkraftwerke A. G. fällt, sind in der Abb. 1 übersichtlich dargestellt. Derzeit ist die Werksgruppe Glockner-Kaprun im Ausbau begriffen, als weitere Anlagen kommen die Gruppen Matrei mit 380 MW, die Gruppe Huben mit 180 MW, die Gruppe Venediger-Mittersill mit 175 MW und die Gruppe Krimml mit 210 MW zum Ausbau. Das Bahnkraftwerk Stubachwerk befindet sich im letzten Baustadium. Das Bärenwerk der SAFE soll durch Errichtung des Rotmoosspeichers eine Erweiterung erfahren, während das Projekt Heiligenblut als sogenanntes Fleißbachkraftwerk mit 2600 kW derzeit von der Tauernkraftwerke A. G. als Baustrom-Versorgungskraftwerk für den Bau des Mollstollens errichtet wird.

Die Anlage Glockner-Kaprun besteht, wie Abbildung 2 zeigt, aus zwei Stufen, der Hauptstufe mit dem Speicher Wasserfallboden und der Oberstufe mit dem Speicher Mooserboden. Um für die Oberstufe die erforderlichen Wassermengen bereitzustellen, wird die Möll an ihrem Ursprung durch den Speicher Margaritze gefaßt und durch einen 12 km langen Stollen zum Speicher Mooserboden geleitet. Das Kraftwerk der Hauptstufe befindet sich in Kaprun, während das Kraftwerk der Oberstufe an der Luftseite der Sperre Limberg auf Wasserfallboden errichtet wird. Die dazugehörigen Einzugsgebiete sind für die Möllüberleitung das Einzugsgebiet des Glocknerkammes und des Leiterbachtales, für die Oberstufe im wesentlichen das Einzugsgebiet des Karlingergletschers und für die Hauptstufe die Einzugsgebiete des Kitzsteinhornes und Wiesbachhornes sowie des Zeferet- und Grubbaches. Es ist ferner beabsichtigt, die Käfertalbäche durch einen Hangkanal in den Möllstollen einzuleiten.

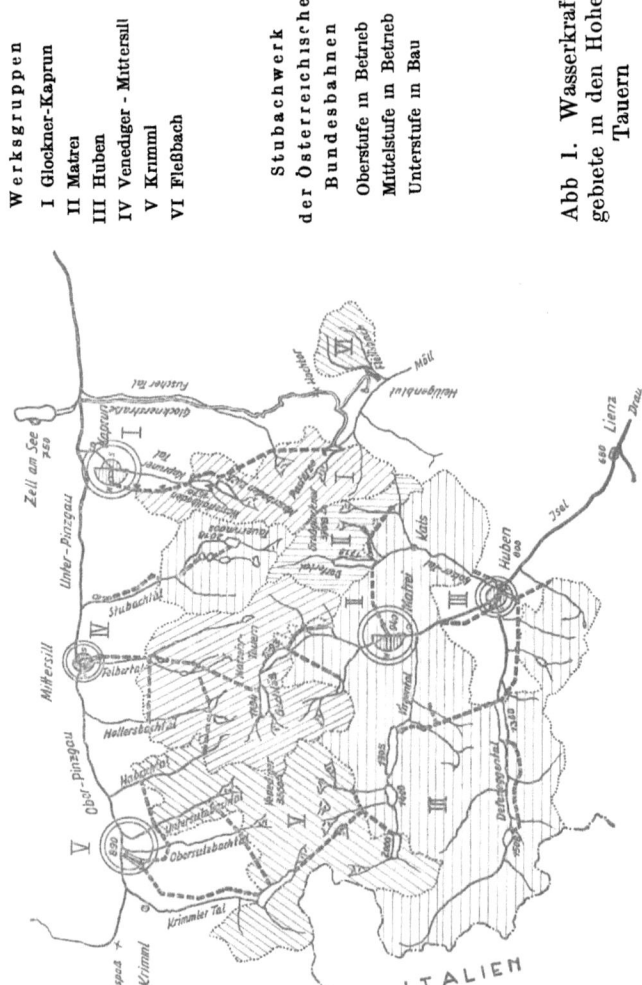

Abb 1. Wasserkraftgebiete in den Hohen Tauern

Werksgruppen
I Glockner-Kaprun
II Matrei
III Huben
IV Venediger - Mittersill
V Krimml
VI Fleßbach

Stubachwerk der Österreichischen Bundesbahnen
Oberstufe in Betrieb
Mittelstufe in Betrieb
Unterstufe in Bau

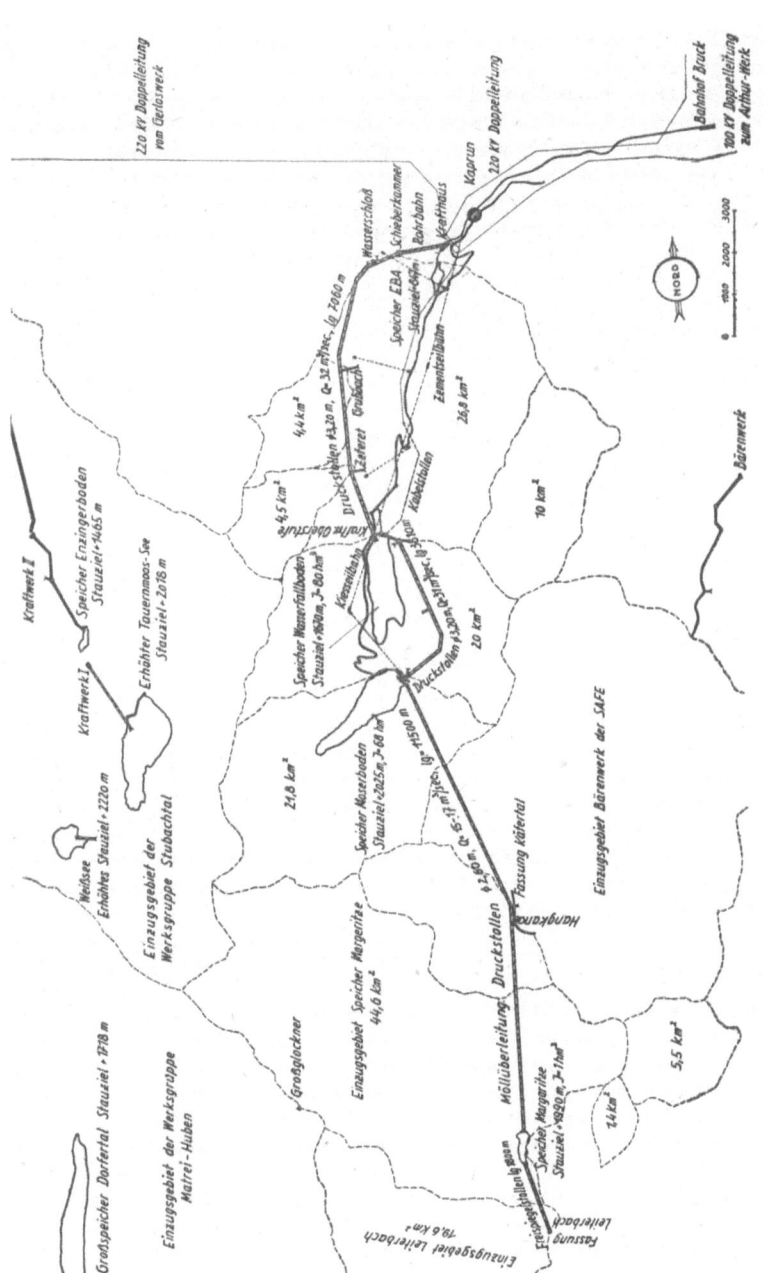

Abb. 2. Lageplan des Projektes Glockner-Kaprun

Der Übersichtshöhenplan (Abb. 3) zeigt die wahrhaft ideale Anlage des Kraftwerkes Glockner-Kaprun. Die gesamte Fallhöhe vom Speicher Mooserboden bis nach Kaprun beträgt 1244 m bei einer gesamten Stollenlänge von 10 900 m. Die mittlere Fallhöhe der Hauptstufe ist 857 m und die der Oberstufe 367 m. Bei einem Speicherinhalt der Hauptstufe von $80 . 10^6$ m³ beträgt die Leistung im Regeljahr $220 . 10^6$ kWh, davon $180 . 10^6$ kWh im

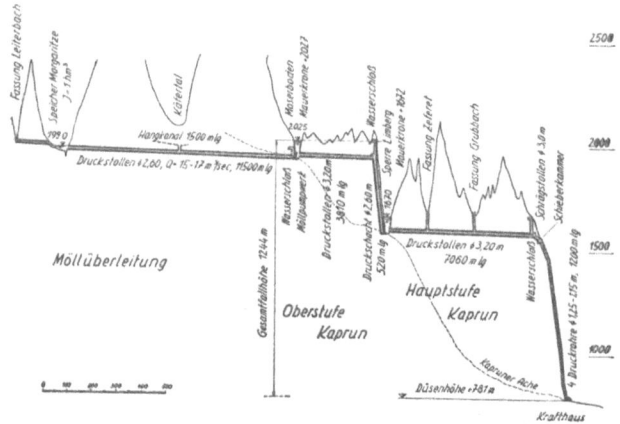

Abb. 3   Übersichtshöhenplan

Winter. Mit dem Speicherinhalt der Oberstufe von $65 . 10^6$ m³ wird die Gesamtleistung beider Stufen $600 . 10^6$ kWh betragen, davon $400 . 10^6$ kWh im Winter, also zwei Drittel der gesamten Jahresarbeit.

Die ungeheure Ausdehnung des Arbeitsbereiches des Kraftwerkes Glockner-Kaprun, dessen Anlagen in Höhen von 800 m (Kaprun) bis 2000 m u. d. M. (Mooserboden) liegen, machte die Erschließung dieser Baustellen zu einer der wichtigsten und schwierigsten Aufgabe. Von vornherein mußte darauf Bedacht genommen werden, daß die Höhenbaustellen in

1600 m und in 2000 m Hohe nur wenige Monate im Jahre Bauarbeiten zulassen, so daß auf Grund der bisherigen Erfahrungen nur mit einer Bauzeit von sechs Monaten mit zusammen durchschnittlich 100 Arbeitstagen gerechnet werden kann. Dementsprechend waren die gesamten Anlagen genügend groß auszubauen, damit nicht eine unwirtschaftlich lange Bauzeit entsteht. Die Baustellen sind daher sowohl durch eine Seilbahn erschlossen, als auch durch den Ausbau des alten Alpenvereinsweges über den Ort des Hotels Kesselfall-Alpenhaus hinaus zu der Talstraße auf Wasserfallboden in Verbindung mit einem Schrägaufzug. Wegen der Fenster des Druckstollens wurden noch Stichseilbahnen zum Wasserschloß auf Maiskogel und je eine zum Grubbach und Zeferetbach errichtet. Vom Wasserfallboden führt überdies eine Schwerlastseilbahn zum Mooserboden.

Vom Ort Kaprun ausgehend, besteht die Gesamtanlage aus folgenden Teilen: In dem sogenannten „Kapruner Winkel" am Fuße des Maiskogels befindet sich das Krafthaus mit der Freiluftschaltanlage. Dieser Teil von Kaprun ist durch eine Normalspurbahn mit dem Bahnhof Bruck-Fusch in Verbindung. Vom Endpunkt der Bahn aus beginnt die Zementseilbahn, die überdies auch in der Lage ist, andere Güter als Zement zu fordern. Da der Fahrweg durch die Sigmund Thun-Klamm wegen der Anlage des Speichers der Eigenbedarfsanlage nicht mehr befahrbar ist, wurde eine neue Straße östlich des sogenannten Birkkogels angelegt. Am Ende des Speichers der Eigenbedarfsanlage befindet sich die Talstation der Maiskogelseilbahn, die zum Wasserschloß führt.

Die Verbindung zwischen Wasserschloß und Krafthaus bildet im obersten Teil der Druckwasserführung ein gepanzerter Schrägstollen, der bis zur Schieberkammer führt. Von hier aus wird das Druckwasser in vier Rohrleitungen bis zum Krafthaus gebracht. Von diesen sind bisher zwei fertiggestellt.

Die Anlagen in der Umgebung des Krafthauses dienen vornehmlich dem Bau der Limbergsperre. Unmittelbar am Ende der Schleppbahn steht der Zementsilo, der durch eine jetzt erst fertig gewordene Zementumladeanlage beschickt wird. Um den Zement moglichst rasch in den Zementsilo der Talstation der Zementseilbahn zu bringen, waren pneumatische Anlagen vorgesehen. Da diese aber derzeit nicht erhaltlich sind, ließ mit Zustimmung des Baukomitees die Bauleitung Kaprun eine heute fertiggestellte Zementumladeanlage derart errichten, daß der lose gelieferte Zement aus den hierfür verwendeten Talbot- oder Erzwagen in einen Tiefsilo fällt, von wo er mittels Schnecken und Elevatoren in den Zementsilo gefordert wird. Diese mechanische Einrichtung war deshalb erforderlich, weil täglich eine Menge von 400 t Zement gefordert werden muß und die Verwendung von Säcken, die außerdem nur schwer erhältlich sind, unverhaltnismäßig viele Arbeitskrafte zum Ausladen gebunden hätte.

Das Krafthaus selbst ist für vier Aggregate ausgelegt, und zwar mit zwei schon vorhandenen von je 45000 kW (Abb. 4), und zwei noch zu errichtenden von je 55000 kW. Sie bestehen aus einem Generator und zwei Peltonrädern, die zu beiden Seiten fliegend angeordnet sind. Außerdem sind zwei Aggregate für den Eigenbedarf von je 270 kW aufgestellt. Der von den Generatoren erzeugte Strom von 10000 V wird durch Transformatoren auf 110000 V gebracht. Die Weiterleitung erfolgt durch Olkabel in einem Stollen, der vom Krafthaus beginnend unter der Ache hindurch zur Freiluft-Schaltanlage fuhrt. Die Freiluft Schaltanlage ist derzeit nur für 110000 V ausgelegt, ihre Erweiterung auf 220 000 V ist die Aufgabe der nachsten Jahre. An die Freiluft-Schaltanlage ist auch die 110 000-V-Leitung des Gerloskraftwerkes von Zell am Ziller in Tirol angeschlossen. Von der Freiluft-Schaltanlage führt die 110 000-V-Leitung über eiserne Abspannmaste zum Arthurwerk. Die zukünftige 220 000-V-Leitung wird von Kaprun direkt

Abb. 4. Krafthausinnenansicht, Generator I und II

nach Ernsthofen gehen. Die Vorarbeiten hierzu sind derzeit im Gange.

Die Abb. 5 zeigt das fertiggestellte Krafthaus mit der Rohrbahn I und II. Aus damaligen militärischen Erwägungen ist das Krafthaus zum Teil in den Hang eingebaut. Die Druckrohrleitungen sind, wie ersichtlich, in ihrem unteren Teil durch ein Betongewolbe eingedeckt. Die Rohrleitungen sind zugänglich und die Eindeckung erfolgte deshalb, weil infolge des tiefen Hangeinschnittes sich eine Zuschüttung als notwendig erwies.

Oberhalb der Sigmund Thun-Klamm wird die Ache, soweit sie noch unterhalb der im Bau befindlichen Limbergsperre der Hauptstufe aus den

Abb. 5. Krafthausansicht mit fertiggestellter Rohrbahn I und II

Zubringern Wasser führt, gestaut. Dieses Staubecken für die Eigenbedarfsanlage dient als Tagesspeicher und faßt 200000 m³, die Fallhöhe beträgt rund 60 m. Das Sperrenwerk (Abb. 6) derselben wird als Schwergewichtsmauer ausgeführt, wovon der linksufrige Flügel fertigbetoniert ist. Vorläufig wird der Betrieb der Eigenbedarfsanlage bis zur Fertigstellung der Sperre durch ein kleines Wehr erreicht, wobei das Wasser durch ein Holzfluder zu der bis unterhalb der Sperrenstelle bereits fertigverlegten Rohrleitung aus vorgespannten Eisenbetonrohren und durch diese bis zu den Turbinen geleitet wird. Diese Anlagen wurden erst nach Kriegsende ausgeführt.

Abb. 6. Sperre der Eigenbedarfsanlage

Die Rohrleitungen der Hauptstufe selbst sind im Sommer 1944 fertiggestellt worden. Die Panzerung des Schrägstollens von der Schieberkammer bis zum Wasserschloß ist 14 bis 22 mm stark, seine innere Lichte beträgt 3 m. Der rund 7 km lange bis 1944 fertiggestellte Druckstollen vom Einlaufbauwerk bis zum Wasserschloß war an mehrere Firmen vergeben. Es wurden entsprechend der Standfestigkeit des Gebirges verschiedene Ausführungsarten gewahlt. Sofern das Gebirge nicht druckhaft war, wurde der Stollen lediglich mit einer Betonschale von im Mittel 30 cm Stärke ausgeführt und darauf ein Torkretputz von 3 cm Stärke mit eingelegtem Drahtnetz aufgebracht. Bei druckhaftem Gebirge erhielt der Torkretring bei 10 cm Stärke eine Stahlbewehrung, wobei die Betonauskleidung selbst bis 40 cm stark gemacht wurde. Ein Teil des Stollens, ungefähr von der Einleitung des Grubbaches bis zum Wasserschloß und das Wasserschloß selbst, wurden mit Spannbetonsegmentsteinen ausgekleidet. Die Segmentstücke wurden auf ein Rad aufgelegt, die Längsbewehrung rundherum aufgezogen und entsprechend gespannt. Ein solcher Ring von 34 cm Stärke wurde dann aufgestellt und der Zwischenraum zwischen Fels und Ring ausbetoniert. Die Wicklung selbst besteht aus hochwertigem Stahl von 6 mm Durchmesser. Es ist beabsichtigt, einzelne Teile dieser Strecke jetzt abzuschließen und unter Wasserdruck zu setzen, um nachträglich zu prüfen, ob die Ringe dicht sind. Dies ist um so mehr erforderlich, als aus Protokollen über Wurfelfestigkeiten des im Stollen hergestellten Betons hervorgeht, daß trotz Zusatz von 500 kg Zement je Kubikmeter fertigen Betons infolge der minderwertigen Zuschlagsstoffe oft nur Festigkeiten von 50 kg cm^2 nach sieben Tagen erzielt wurden. Die einwandfreie Feststellung der Verhaltnisse im Stollen wird mitbestimmend für die geplante Erhöhung des Stauzieles der Limbergsperre sein. Bei den beabsichtigten Druckversuchen in den einzelnen Stollenstrecken werden besondere Meßgeräte angewendet, die von Dr. Huggenberger (Zürich) und von der Firma Sulzer (Winterthur) stammen.

Zur rascheren Herstellung des Druckstollens wurden bei den Bächen Zeferet- und Grubbach Fensterstollen angelegt und diese Baustellen, wie schon früher erwähnt, durch Stichseilbahnen erschlossen. Es ist geplant, den Grubbach und den Zeferetbach in den Druckstollen einzuleiten. Diese Arbeiten sind für den Winter 1948/49 vorgesehen.

Vom Hotel Kesselfall an wurde die Straße neu angelegt und bis zum Talabschluß bei der Lärchwand geführt. Der Höhenunterschied von hier bis zur Talstraße auf Wasserfallboden wird durch einen Schrägaufzug überwunden, der gegenwärtig eine höchste Nutzlast von 9 t bewältigen kann. Wegen des Krafthauses der Oberstufe muß jedoch seine Höchstleistung auf 50 t ausgebaut werden.

Vom Kesselfall bis zur Sperre liegt der Zugang zur Baustelle im Lawinengebiet. Während bis vor einem Jahr die Begehung der Baustelle im Winter nur über einen Jagdsteig möglich war, der vom Lager Zeferet aus fast eben zur Sperrenstelle führt, und sowohl Baustoffe als Lebensmittel mühselig mittels Trägerkolonnen zu den Höhenbaustellen gebracht werden mußten, ist nunmehr ein wintersicherer Zugang zur Baustelle durch die Errichtung eines Stollens geschaffen worden, der erforderlich war, um den Strom von dem Krafthaus der Oberstufe, das bekanntlich am Fuße der Limbergsperre errichtet werden soll, störungsfrei ins Tal zu bringen. Dies geschieht mittels Kabel, die in dem derzeit schon in Betrieb stehenden Stollen verlegt werden sollen. Dieser Kabelstollen hat eine Länge von 3 km und überwindet mit einem 45° geneigten Schrägstollen eine Höhe von rund 650 m. Im Schrägstollen ist ein Aufzug mit einer maximalen Nutzleistung von 5 t eingebaut. Der Stollen wurde 1943 begonnen und war im Dezember 1946 durchgeschlagen. Die Abmessungen von 2×2 m erweisen sich leider für den Betrieb als zu gering. Eine Vergrößerung würde nicht nur unverhältnismäßig hohe Kosten, sondern insbesondere auch eine längere Unbenutzbarkeit mit sich bringen.

Bei der Sperrenstelle Limberg am Westhang der Kapruner Ache (Abb. 7) endet die Zementseilbahn. Die hölzernen Stützen dieser Bahn wurden im Lawinenbereich auf Vorschlag der Bauleitung Kaprun durch Stahlstützen ersetzt. Das seinerzeit eingesetzte Baukomitee gab hierzu die Zustimmung, so daß es nunmehr möglich ist, die Stutzen im Herbst umzulegen und zu verankern. Auf diese Weise haben die Stützen den ersten Winter 1947/48, der besonders lawinenreich war, anstandslos überstanden. Das Wiederaufrichten einer solchen Stütze dauert kaum einen Tag und Zerstorungen sind nach menschlichem Ermessen nicht zu erwarten. Durch den Umbau sind damit einige Wochen wertvoller Bauzeit gewonnen worden, die sonst fur die Instandsetzung der zerstörten Holzstützen verloren gehen würden. Die Endstation der Zementseilbahn befindet sich in einem Stahlbau, der die Zement- und Zuschlagstoffsilos und im Anschluß daran die Betonieranlage enthält. Diese gesamte Anlage befindet sich so hoch über der Sperrenstelle, daß von ihr aus die Einbringung des Betons zu den Arbeitsstellen gewährleistet ist. Zum Bau des Gebäudes mußten rund 800 t Stahl hinaufbefördert werden. Die Anlage selbst war bei Kriegsende im Bereich der Zementsilos mit einer außeren Umschließung versehen, während die Zuschlagstoffsilos und die Entladestation der Kiesseilbahn erst in den letzten Wochen vollendet wurden.

Oberhalb der Siloanlage befindet sich die Fahrbahn für die Kabelkrane. Diese war 1945 auf 40 % ihrer Länge fertiggestellt. Die Kabelkrantürme selbst standen bereits, während die Auslegung der Seile erst in den letzten zwei Jahren erfolgte. Derzeit sind sämtliche Kabelkrane in Betrieb. Ein Blick auf den Westhang zeigt den heutigen Zu-

Abb. 7 Westhang im Bereich der Limbergsperre

stand. Die Zuschlagsstoffsilos und die Entladestation der Kiesseilbahn sind wintersicher gemacht, knapp über dem Talboden liegt das Einlaufbauwerk des Druckstollens und das des Umlaufstollens, bzw. des zukünftigen Grundablasses.

Die Siloanlage war mit einem Holzdach, das durch Zinkblech geschützt war, abgedeckt. Die Jahr für Jahr darübergehenden Lawinen haben auch Jahr für Jahr das Dach beschädigt und es

Abb. 8. Herstellung des Silodaches aus Beton

hat viel Mühe gekostet, die eingedrungenen Schneemassen zu entfernen. Darum hat schon das Baukomitee seinerzeit zugestimmt, daß die Siloanlage durch eine Betondecke zu schützen ist (Abb. 8). Der vergangene überaus lawinenreiche Winter hat gezeigt, daß diese Verbesserung gerechtfertigt war; unbeschädigt hat das Bauwerk den Winter 1947/48 überstanden.

In der neuerlichen Ausschreibung 1946 war die Ausführung der Kabelkranfahrbahn in Mauerwerk vorgeschrieben. Wegen der knappen zur Verfügung stehenden Zeit und um die Kabelkrane auch für den Sperrenaushub heranziehen zu können, wurden die fehlenden Pfeiler durch Stahlstutzen ersetzt und auf diese Weise tatsächlich die beabsichtigte Verwendung der Kabelkrane zum Sperrenaushub erreicht. Der Antrieb der Kabelkrane ist auf dem Osthang, während sich auf dem Westhang die Gegengewichtstürme befinden. Beide Anlagen fahren parallel und es ist lediglich eine Ver-

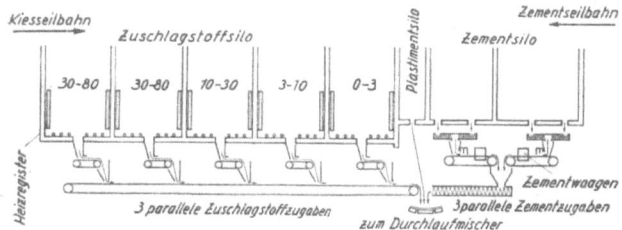

Abb. 9 Schematischer Schnitt durch die Betonieranlage

schwenkung von 6° der beiden einander gegenüberliegenden Türme zulässig.

Die Betoneinbringung ist, wie Abb. 9 zeigt, folgendermaßen vorgesehen: Die Betonzuschlagsstoffe sind in den Silos nach den vier Kornsorten 0 bis 3, 3 bis 10, 10 bis 30 und 30 bis 80 mm gelagert. Entsprechend den drei Kabelkrananlagen werden die Zuschlagsstoffe auf drei Förderbänder mittels Schubwagen abgezogen. Die Mengen sind vorher gewichtsmäßig festgelegt worden. Zement wird gewichtsmäßig beigefügt und ebenfalls auf drei Bändern zu den Zuschlagsstoffen gebracht. Gemeinsame Bänder bringen das Gemisch zu drei

23

kontinuierlichen Mischern und von hier aus fällt der Beton in die Betonsilos.

Der Beton wird in Betonkübel abgezogen (Abbildung 10) und diese auf dem Betongleis unter die Kabelkrane gebracht, welche dann die Kübel zur Verarbeitungsstelle fördern. Jeder Mischer hat eine Leistungsfähigkeit von 60 m³ in der Stunde, so daß bei vollem Einsatz 180 m³ Beton in der Stunde erzeugt werden können. Da Zweischichtenbetrieb von je zehn Stunden geplant ist, würde auf diese Weise eine Tagesleistung von 3600 m³ Beton mog-

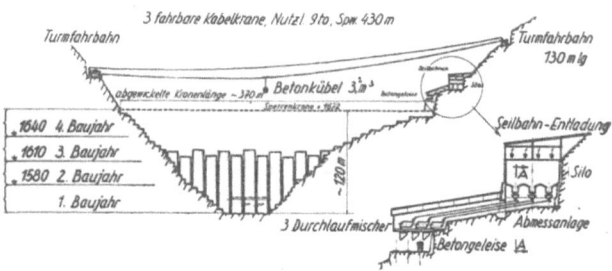

Abb. 10 Schema der Betoneinrichtung

lich sein, doch wird nur mit einer täglichen Leistung von 1600 m³, das sind 80 m³ je Stunde, gerechnet. Damit sind alle unvorhergesehenen Ereignisse vorweg eingerechnet und es ist auch dabei bedacht, daß der eine oder andere Kabelkran zu anderen Arbeiten als zum Einbringen von Beton herangezogen wird.

Im vergangenen Jahr wurde ein Teil der Betonieranlage probeweise in Betrieb genommen und mit dem hierbei erzeugten Beton der Pfeiler C der Pfeilerkopfmauer betoniert, der am Westhang knapp unterhalb der Betonieranlage liegt.

Der sehr trocken hergestellte Beton wird in Kübel abgefüllt. Hier sei erwähnt, daß durch umfangreiche Versuchsreihen, die erst im Mai 1946 aufgenommen worden sind, die günstigste Kornzusammensetzung ermittelt wurde. Maßgebend an dieser Arbeit beteiligt ist Senatsrat Dr. Tillmann, der die Tauernkraftwerke A. G. in Betonfragen beim Bau der Limbergsperre berät. Untersuchungen aus der Zeit vor 1945 über die beste Kornzusammensetzung und über die Festigkeiten des herzustellenden Betons standen nicht zur Verfügung, obwohl die frühere Bauleitung Kaprun eine Betonprüfstelle mit besteingerichtetem Laboratorium besaß. Um die entsprechende Betongüte zu erreichen, ist es vor allem notwendig, auch den Wasserzusatz gering zu halten. Um diesem trockenen Beton trotzdem die entsprechende Geschmeidigkeit zu geben, wird auf Grund der Erfahrungen bei Schweizer Talsperren als Zusatzmittel zum Zement Plastiment verwendet. Die Festigkeiten des Betons sind hervorragend und es wird aller Voraussicht nach genügen, mit höchstens 220 kg Zement auf den Kubikmeter fertigen Betons das Auslangen zu finden. Frostwechselproben haben seine Beständigkeit erwiesen. Wenn vielleicht auch auf Grund des Standes der derzeitigen Betontechnologie ein größeres Korn als 80 mm erwünscht wäre, einerseits um Zement zu sparen, anderseits um die Wärmetönung herabzumindern, so ist hierfür der Zeitpunkt einer Änderung kaum mehr gegeben. Die Erhöhung des Korns auf 120 mm bringt nach Untersuchungen von Senatsrat Dr. Tillmann keine wesentlichen Vorteile, während die Erhöhung des Korndurchmessers auf 150 mm deshalb nicht mehr möglich ist, weil zusätzliche Siloanlagen geschaffen werden müßten, wofür es an den entsprechenden Örtlichkeiten fehlt. Die Errichtung zusätzlicher Anlagen würde eine Bauverzögerung von mindestens einem Jahr bedeuten.

Die zum Transport des Betons verwendeten Betonkubel fassen 3,2 m³ Beton; dies bedeutet bei einer stundlichen Leistung von 80 m³ und bei Verwendung von zwei Kabelkranen zwolf Kabelkranspiele in der Stunde, d. h. zu einem Spiel durfen nicht mehr als funf Minuten gebraucht werden. Probefahrten haben ergeben, daß diese Zeiten bei eingeubtem Personal nahezu bis auf die Halfte unterschritten werden konnen.

In der Mitte des Talbodens auf Wasserfallboden wurde im Jahre 1943 durch Schutten eines Dammes ein Hilfsspeicher (Abb. 11) errichtet, um die zwei im Krafthaus montierten Aggregate zu je 45 000 kW in Betrieb nehmen zu konnen. An der Wasserseite ist der geschuttete Damm mit Betonplatten verkleidet. Von diesem Hilfsspeicher mit 150 000 m³ Inhalt fuhrt eine Holzrohrleitung zum Einlaufbauwerk. Da das Holzrohr lediglich 7 m³/sek Wasser faßt und ein Aggregat 8 m³/sek benotigt, ist erklärlich, daß jeweils nur eine Anlage in Betrieb steht. Der Speicher ist ein Tagesspeicher. Im Sommer ist der Wasserzufluß so reichlich, daß ein Aggregat 24 Stunden hindurch in Betrieb steht; wahrend der Wintermonate kann, dem geringen Wasserzufluß von 300 l/sek entsprechend, nur ein hochstens zweistundiger Betrieb aufrechterhalten werden. Trotzdem konnte Kaprun im vergangenen Jahr $125 \cdot 10^6$ kWh liefern, wovon allerdings rund $100 \cdot 10^6$ kWh in die Sommermonate fielen. Immerhin hat durch diese provisorische Lösung Kaprun tatkraftigst mitgewirkt, in Notzeiten Spitzenstrom zu liefern und hat seinen Beitrag geleistet, Zusammenbruche des Verbundnetzes zu vermeiden.

Am Ende des Staubeckens Wasserfallboden liegt das Arbeiterlager; von diesem fuhrt eine Materialseilbahn von 5 t Nutzlast zum Mooserboden

Auf Mooserboden ist der Speicher der Oberstufe geplant (siehe Abb. 2). Der Stauraum wird erzielt durch die Errichtung von zwei Sperren, der West- und der Ostsperre, die durch eine Felskuppe, die Hohenburg, getrennt sind. Der Raum des zukünftigen Speichers Mooserboden, der $68 \cdot 10^6$ Kubikmeter Wasser fassen wird, dient vorerst dazu, aus dem Talboden Zuschlagsstoffe zu gewinnen.

Abb. 11. Hilfssee auf Wasserfallboden, gegen Süden gesehen

Die Aufbereitung der Zuschlagsstoffe erfolgt durch eine Anlage an der Ostseite des Tales.

Wenn der Speicher Wasserfallboden gefüllt sein wird, so kann der Mooserboden mittels der neuen Bergstraße erreicht werden. Die Bergstraße muß in mehr als einem Drittel ihrer Länge infolge von Lawinengängen in Tunnels geführt werden. Am Ende der Bergstraße ist die Errichtung des Hotels Mooserboden geplant. Von der Ostsperre der Oberstufe führt der Druckstollen zum Kraftwerk am Fuße der Limbergsperre. Sollte sich später für Nachtstrom kein Absatz finden, ist geplant, das abgearbeitete Wasser des Mooserbodenspeichers vom Großspeicher Wasserfallboden zuruck in die Oberstufe zu pumpen. Der Druckschacht zum Oberstufenkraftwerk muß in seinem unteren Teil noch 1948 erstellt werden, damit die Limbergsperre zu einem späteren Zeitpunkt durch Sprengungen nicht gefahrdet wird. Bei der Ostsperre des Speichers Mooserboden mündet auch die Möllüberleitung ein. Die Arbeiten an diesem Teil des Stollens sind bereits seit Herbst 1947 im Gange.

Von der Betonfabrik bei der Limbergsperre führt über eine Winkelstation eine doppelte Seilbahn, die Kiesseilbahn, über die Höhenburg zur Aufbereitungsanlage. Von der doppelten Materialoder Kiesseilbahn standen bei Kriegsende lediglich die liölzernen Stützen, die unterdes, weil inzwischen verfault, wieder ausgewechselt werden mußten. Im Lawinenbereich werden sie zum Teil durch eiserne Stützen ersetzt. Im August 1948 wird die ostlich gelegene Kiesseilbahn in Betrieb gehen, wahrend die westliche Bahn heuer nur zu einem Probebetrieb kommen wird. Die Fertigstellung dieser Seilbahn war mit außerordentlichen Schwierigkeiten verbunden.

Die Aufbereitungsanlage auf Mooserboden (Abbildung 12), die fur 300 t Stundenleistung ausgelegt ist, hat folgenden Aufbau: Das aus dem Talboden mittels Bagger gewonnene Material wird durch drei Kabelkrane zu dem Aufgabesilo gebracht, wo maximale Korngrößen bis 300 mm aufgenommen werden. Zwei Vorsiebe trennen das Material von 0 bis 80 mm und über 80 mm. Das Material über 80 mm wird mittels zweier Backenbrecher auf das Maximalkorn von 80 mm gebracht. Das naturliche

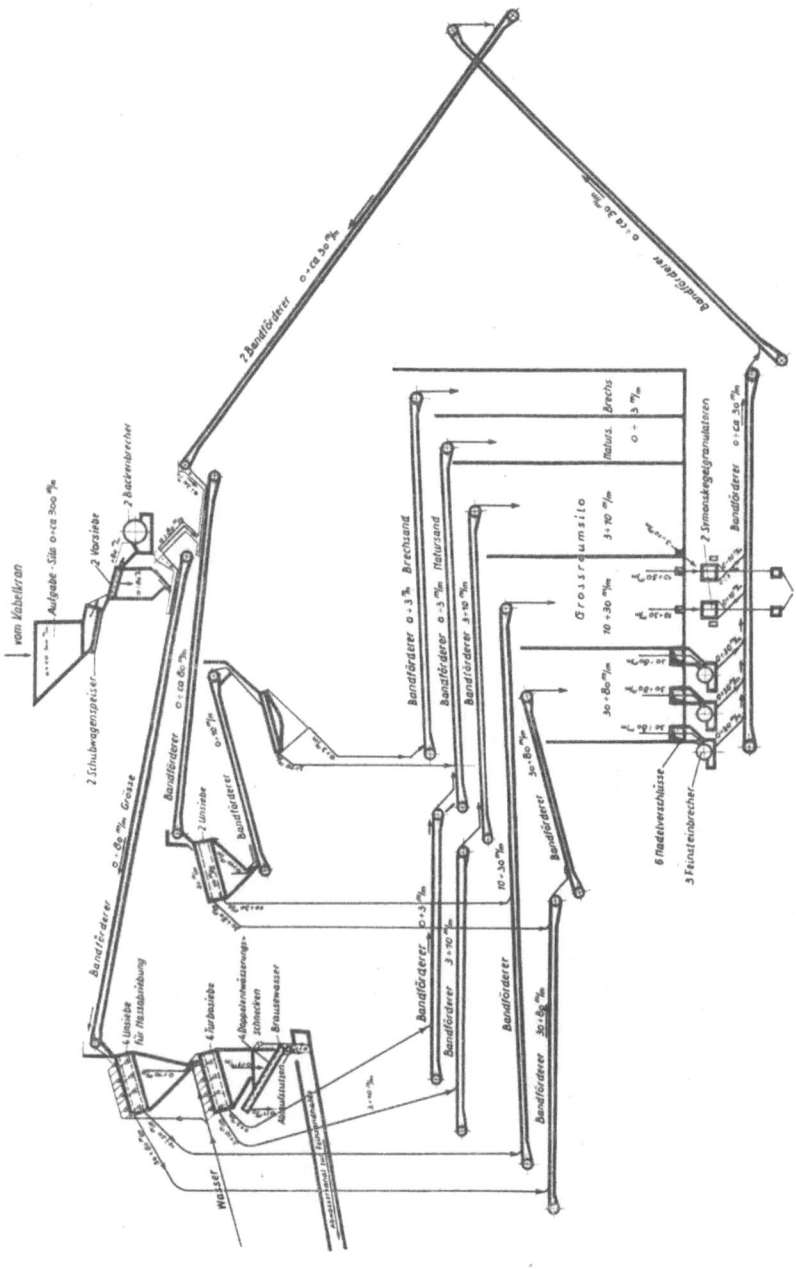

Abb. 12. Stammbaum der Aufbereitungsanlage

Korn bis 80 mm geht über verschiedene Siebanlagen und wird nach Naßabsiebung in die Korngroßen 0 bis 3, 3 bis 10, 10 bis 30 und 30 bis 80 mm getrennt und mittels Bandforderern in die Großraumsilos gebracht. Das gebrochene Material wird nach entsprechender Sortierung über die gleichen Bandforderer zu den Silos gebracht. Von den Silos kann das Material entweder direkt auf die Seilbahnkübel abgezogen werden, bzw. ist es möglich, wenn von einer bestimmten Sortengruppe mehr gebraucht wird, durch Feinsteinbrecher und Kegelgranulatoren die Korngrößen 10 bis 30 und 30 bis 80 mm auf die kleinen Größen von 0 bis 30 mm zu bringen. Die Aufbereitungsanlage wurde in den Jahren 1946 und 1947 nahezu fertiggestellt,* die anschließende Kiesseilbahn wird im Laufe des Jahres in Betrieb gehen.

Die Abb. 13 zeigt die gesamte Aufbereitungsanlage. Die leuchtende glatte Fläche oberhalb der Anlage ist eine mit Blech abgedeckte Kaverne, in welcher die Kabel verankert und die Antriebe für die Kabelkrane untergebracht sind. Die Silos dieser Anlage, wie auch die der Betonieranlage, sind mit Warmwasser zu heizen, so daß es möglich ist, auch in der Übergangszeit, wenn kurzfristig Temperaturen unter 0^0 auftreten, zu betonieren. Im Talboden sind die mittels Bagger aufgeschlossenen Lagerstätten für die Kies- und Sandgewinnung zu sehen.

Hierzu ist zu bemerken, daß die 1939 von der früheren Arbeitsgemeinschaft ausgeführten Bohrungen zur Feststellung der Kornzusammensetzung ungenügend waren. Bohrungen geben für solche Untersuchungen meist kein richtiges Bild und es wäre zu erwarten gewesen, daß weit umfangreichere Bodenaufschlüsse veranlaßt worden wären. Tat-

---

* Der Probebetrieb wurde am 12 August 1948 eröffnet.

sache ist, daß sich auf Grund der derzeitigen Schürfungen ergeben hat, daß es an Grobkorn fehlt und viel zu viel Feinkorn im Talboden vorhanden ist. Falls Lagerstätten für groberes Material nicht

Abb 13   Ansicht der Aufbereitungsanlage Mooserboden

gefunden werden sollten, ist geplant, vom Vorsilo aus waagrecht in die Morane des Klockerınkeeses vorzustoßen und das grobe Material dort zu gewinnen

Der Lageplan (Abb. 2) zeigt auch die Anlage des südlichen Teiles der Möllüberleitung. Der Mollursprung knapp unterhalb der Pasterze soll beim

Felskopf der Margaritze, der dort den Talboden wieder nach zwei Richtungen freiläßt, durch zwei Sperren, Sperre Süd und Sperre Nord, geschlossen werden. Weiter ist geplant, durch einen Hangkanal die Käferbäche zu fassen, um so noch Wasser für den Speicherraum des Mooserbodens zu gewinnen. Um dem Speicher Margaritze zusätzlich Wasser zuzuleiten, wird der Leiterbach gefaßt und sein Wasser durch einen 1800 m langen Freispiegelstollen zum Speicher Margaritze geführt.

Der größte Teil der besprochenen Baustelleneinrichtungen, die sich von Kaprun bis auf Mooserboden erstrecken, dienen nur dazu, um an dem von der Natur vorgegebenen Talabschluß bei Limberg die Staumauer zur Schaffung des Speichers Wasserfallboden zu ermöglichen. Eine siebenjährige Tätigkeit, die vor allem auch der Erschließung der Baustelle diente, brachte es bis zu Kriegsende trotz bevorzugter Zuweisung und mit einem Arbeiterstand, der im Jahre 1944 3000 erreichte, nur bis zu einem 50%igen Ausbau dieser besprochenen Einrichtungen. Im Mai 1946 wurde der Bau mit 400 Arbeitern neuerlich begonnen, trotz aller Anstrengungen stieg aber der Arbeiterstand bis Oktober 1946 nur auf 700. Wenn man in Betracht zieht, wie schwer die Ersatzteilbeschaffung in diesem und in den folgenden Jahren war und wenn weiter bemerkt wird, daß die Baustelleneinrichtungen von deutschen Firmen geliefert worden waren, die nach Kriegsende nicht mehr herangezogen werden durften, so kann erst ermessen werden, welche Leistung zu vollbringen war. Im vergangenen Jahr konnte der Arbeiterstand auf 2000 Mann verstärkt werden und gegenwärtig ist er bereits auf 3000 gestiegen. Heute kann gesagt werden, daß im Laufe dieses Jahres, also drei Jahre nach Kriegsende, die Baustelleneinrichtungen zur Gänze in Betrieb kommen werden.

Über das eigentliche Bauwerk, die Limbergsperre, ist folgendes zu sagen:

Von den beiden seitlichen Hängen stellt insbesondere der Osthang (Abb. 14), der teilweise bis 50⁰ steil zum Talboden abfällt, den Bauingenieur bei den Aushubarbeiten vor schwierige Probleme. Dies um so mehr, als die Klüfte des Felsuntergrundes im Osthang im allgemeinen parallel zur Oberfläche verlaufen und daher beim Aussprengen der Fundamentstufen unter Umständen Schwierigkeiten entstehen. Doch haben Aussprengungen einzelner Terrassen im Jahre 1948 gezeigt (Abb. 15), daß der Fels genügend standfest ist, wenn auch bei einzelnen Teilen Nacharbeiten erforderlich sein werden.

Die Bauleitung Kaprun der Alpen-Elektrowerke konnte bei der neuerlichen Ausschreibung der Sperre Ende 1945 den anbietenden Firmen keine genügenden Angaben über die wahren Felsverhältnisse im Grund des Talbodens machen. Es waren wohl früher Sondierungsbohrungen mit Wassereinpressungen auf dem Westhang durchgeführt worden, weil dieser Hang vom geologischen Standpunkt aus als der ungünstigere angesehen war. Aber es bestanden keine verwertbaren Aufschlüsse über den Talboden und über die Verhältnisse am Osthang. Die Erstehergruppe, die Arbeitsgemeinschaft Kraftwerk Kaprun, bestehend aus den Firmen Rella & Co., Hinteregger & Fischer, Polensky & Zollner und Union-Baugesellschaft führte daher als eine ihrer ersten Aufgaben Sondierungsbohrungen mit Kerngewinnung durch. Obwohl vier Craelius-Bohrmaschinen auf der Baustelle waren, konnten mangels geeigneten Schrottes die Kernbohrungen nicht durchgeführt werden. Die Arbeitsgemeinschaft vergab daher die Arbeiten mit Zustimmung des damals entscheidenden Baukomitees an die bekannte Schweizer Bohrfirma Swissboring. Die Bohrergebnisse sind sehr befriedigend (Abb. 16).

Abb. 14　Osthang im Bereich der Limbergspeire, Aufnahme Oktober 1944

Abb. 15 Osthang, Aufnahme Juli 1948

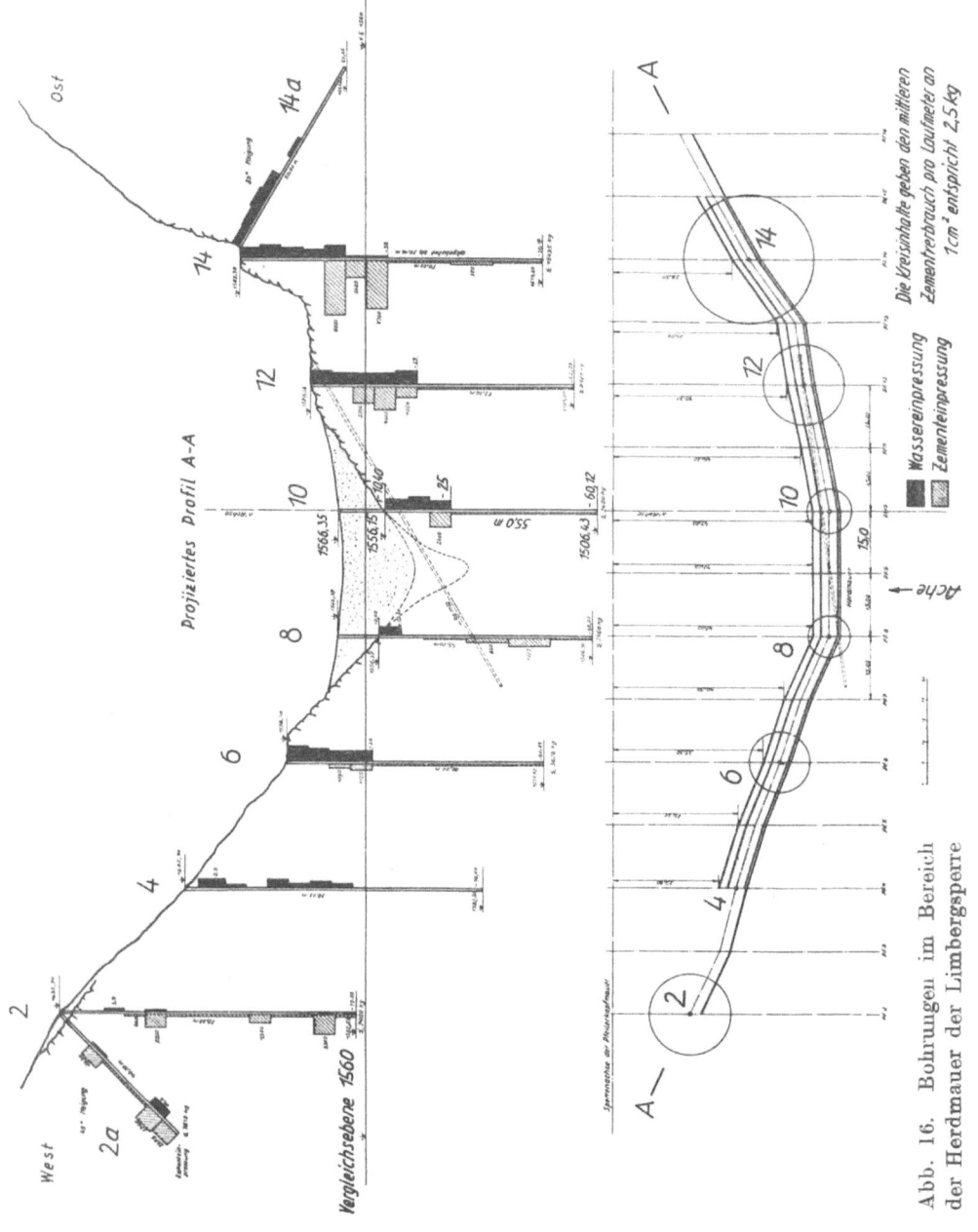

Abb. 16. Bohrungen im Bereich der Herdmauer der Limbergsperre

Es konnte festgestellt werden, daß auf ungefahr 35 m Tiefe von der Felsoberfläche an gerechnet Zementeinpressungen zur Herstellung eines Dichtungsschleiers unterhalb der Herdmauer notwendig sein werden, während in größeren Tiefen der Fels den Anforderungen auf Dichtigkeit im allgemeinen entspricht. Die Bohrprofile wurden entsprechend dem seinerzeitigen Sperrenentwurf als Pfeilerkopfmauer in den Pfeilerachsen im Bereich der wasserseitigen Herdmauer angelegt. Durch ein schrages Bohrloch konnte festgestellt werden, wie sich die Injektionen ausgewirkt haben und außerdem, daß eine tiefere Erosionsrinne nicht besteht.

Zusätzlich durchgeführte geoelektrische Mutungen, ausgeführt von der Geofulgur unter der Leitung von Dozent Dr. Volker Fritsch, bestatigen das Ergebnis der Bohrungen. Hier möge angefügt werden, daß zugleich vom Genannten zu verschiedenen Zeiten die Wasserharte ermittelt wurde. Auf Grund zweijahriger Beobachtungen ergab sich an der Sperrenstelle die Härte mit sechs bis acht deutschen Graden, somit genügend hart, daß eine aggressive Wirkung auf den Sperrenbeton nicht zu erwarten ist.

Nun über die Sperre selbst. Die seinerzeitige Leitung der Alpen-Elektrowerke A.G., die von Prof. Stucky (Lausanne) beraten wurde, entschloß sich auf Grund eines Vergleiches zwischen einer Schwergewichtsmauer und einer aufgelosten Mauer letztere auszuführen (Abb. 17). Seit Baubeginn, das ist seit 1939, wurde die gesamte Baustelleneinrichtung auf diese Sperrenform abgestellt. Es wurden danach ausgelegt: das Einlaufbauwerk des Druckstollens, der jetzige Umlaufstollen und spätere Grundablaß, die Einrichtungen für das Einbringen des Betons und die Baugrubenumschließung. Wie schon erwahnt, waren diese Einrichtungen bei Kriegsende nur bis zu 50% ausgebaut

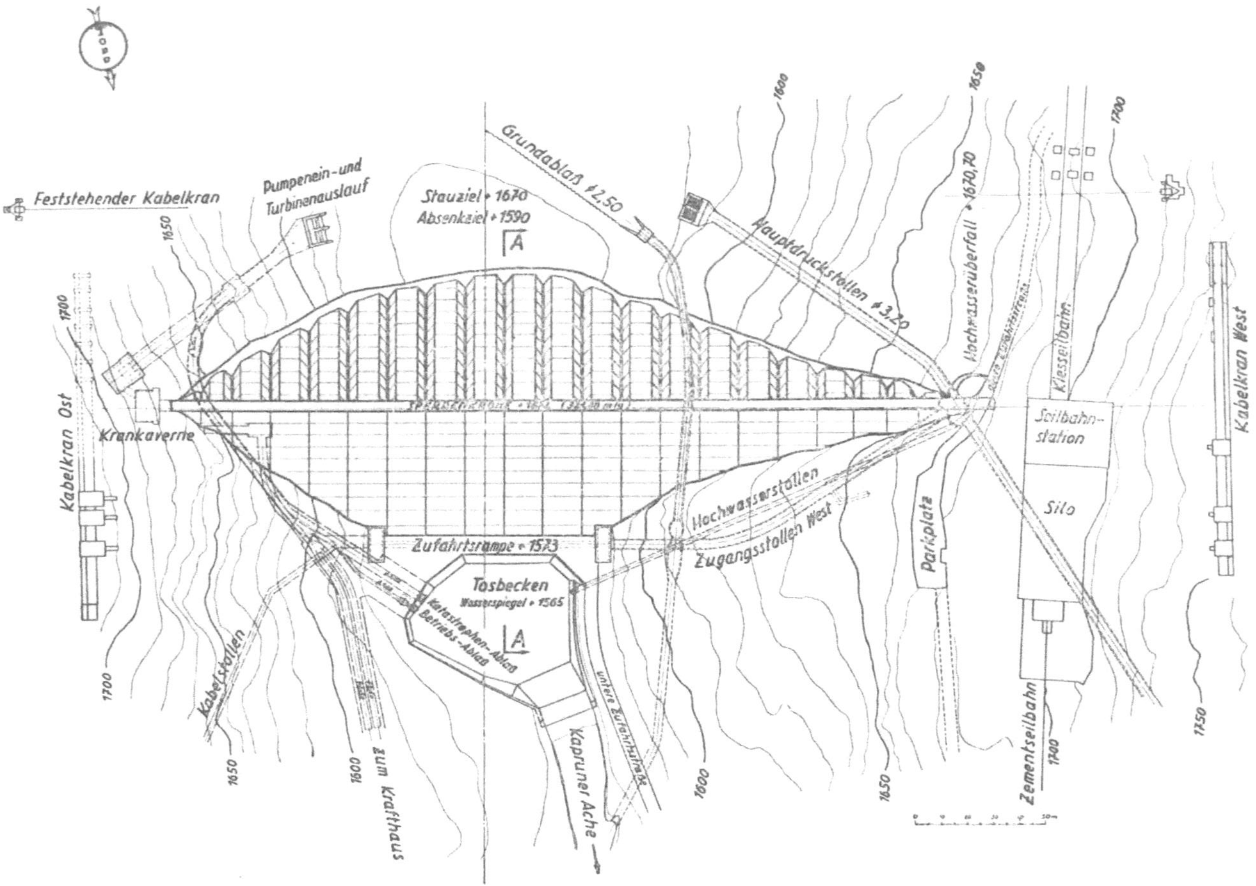

Abb. 17. Pfeilerkopfmauer, Lageplan

und sind im August dieses Jahres im großen und ganzen fertiggestellt. Mit der Entscheidung der Alpen-Elektrowerke A. G. für eine Pfeilerkopfmauer war geplant, das Oberstufenkraftwerk in den Hohlräumen derselben unterzubringen; auf Vorschlag der Bauleitung Kaprun hat die spätere Leitung der Alpen-Elektrowerke A. G. sich aber doch entschlossen, das Krafthaus am Osthang zu errichten. Maßgebend hierfür war, daß die Anzahl der Aggregate noch nicht endgültig feststand, und daß vor allem sämtliche Rohrleitungen bei der Einbringung des Fundamentbetons der Sperre hätten verlegt werden müssen und daher auf eine weitere Entwicklung des Turbinenbaues nicht hatte Rücksicht genommen werden können.

Der Querschnitt der Pfeilerkopfform (Abb. 18) zeigt den höchsten Pfeiler mit rund 120 m Höhe und mit einer unteren Breite von rund 115 m. Die einzelnen Pfeilerstege sind untereinander durch Streben, die unmittelbar auf dem Fels aufliegen, versteift. Unter der Annahme eines 20%igen Zuschlages für den Fundamentaushub besitzt diese Sperrenform ein Betonvolumen von 480 000 m³.

Aus militärischen Gründen und durch die Torpedierung der Mohne- und Edertalsperre beeinflußt, wurden vom seinerzeitigen Luftfahrtministerium erschwerende Vorschriften für die Ausführung der Pfeilerkopfmauer erlassen. Der Pfeilerkopf, der an seiner schwächsten Stelle 2 50 m maß, mußte auf Grund der Vorschriften auf 7 5 m verstärkt werden, so daß die Wirtschaftlichkeit dieses Mauertyps nicht mehr bestand. Die Schalungsflächen standen in keinem Einklang zu der nunmehr erhöhten Betonkubatur.

Die seinerzeitige Leitung der Alpen-Elektrowerke A. G. hatte sich schon 1943 eingehend mit Studien für eine Bogensperre befaßt und ihre Vorteile erkannt, wie dies auch aus dem Gutachten von Prof. Chwalla (1947) hervorgeht. Die Schwierigkeiten, die durch die Vorschriften des Luftfahrtministeriums entstanden waren, fielen daher mit den Absichten, eine Bogensperre zu erstellen,

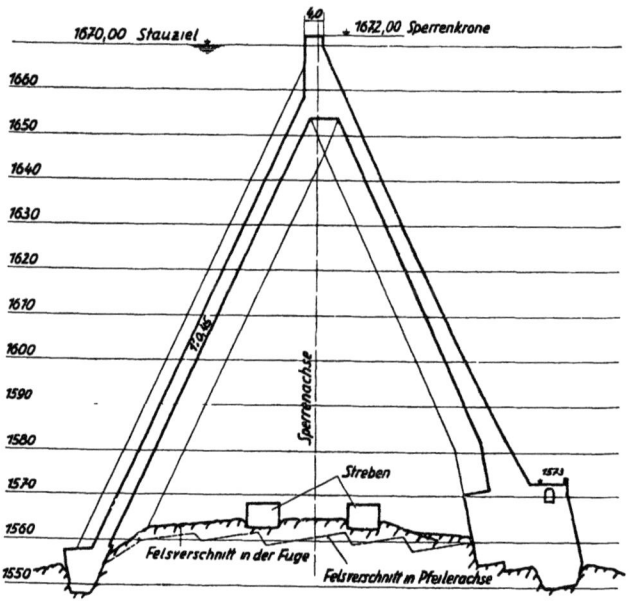

Abb. 18   Pfeilerkopfmauer, Querschnitt

zusammen. Trotzdem die Vorteile einer Bogenmauer erkannt wurden, erfuhren die Arbeiten für die Baustelleneinrichtung keine Änderung, obwohl zu dieser Zeit solche noch möglich gewesen waren. Die Ende des Krieges zum Teil schon nahezu fertiggestellten Baustelleneinrichtungen waren daher für den Entschluß der neuen Leitung der Alpen-

Elektrowerke A. G. maßgebend, neuerlich den Bau einer Pfeilerkopfmauer auszuschreiben und anbieten zu lassen. Das Baukomitee für das Tauernkraftwerk hat dann auf Grund eingeholter Gutachten von Prof. Stucky als Talsperrenfachmann und Projektanten der Sperre, von Prof. Stini als Geologen und von Prof. Fröhlich als Bodenmechaniker entschieden, die Pfeilerkopfmauer ausführen zu lassen. Es wurde deshalb auch bei der Wasserrechtsbehörde neuerlich um die Genehmigung zum Bau der Pfeilerkopfmauer angesucht. Die von ihr bestellten Experten kamen aber zu der Überzeugung, daß besonders durch die Steilheit des Osthanges, durch die Lage der Klüfte, die parallel zur Oberfläche verlaufen, die Ausführung einer Pfeilerkopfmauer auf fast unüberwindliche Schwierigkeiten stoßen würde, wozu wohl bemerkt werden darf, daß diese Schwierigkeiten auch schon früher bestanden haben müssen. Zur Zeit, als auf Grund des Verstaatlichungsgesetzes die Tauernkraftwerke A. G. geschaffen wurde, versuchte die nunmehrige Leitung nachzuweisen, daß durch bestimmte Baumaßnahmen der Bau einer Pfeilerkopfmauer wohl möglich ist. Es wurden drei Varianten vorgeschlagen: entweder die erwähnten Strebenzüge zu verstärken (Variante α), oder am Osthang eine Fundamentplatte herzustellen, auf welcher die Pfeiler erst aufgebaut werden (Variante β), und schließlich als ultima ratio die Ausfüllung der Hohlräume der am Osthang befindlichen Pfeiler (Variante γ). Um aber einen weiteren Vergleich mit anderen Mauertypen zu erhalten, arbeitete die Tauernkraftwerke A. G. auch den Entwurf einer Schwergewichtsmauer (Abb. 19) aus und außerdem legte sie der Wasserrechtsbehörde zur Begutachtung einen Bogensperrenentwurf von Prof. Stucky vom Oktober 1947 vor. Vergleiche verschiedener Mauertypen nach statischen und wirt-

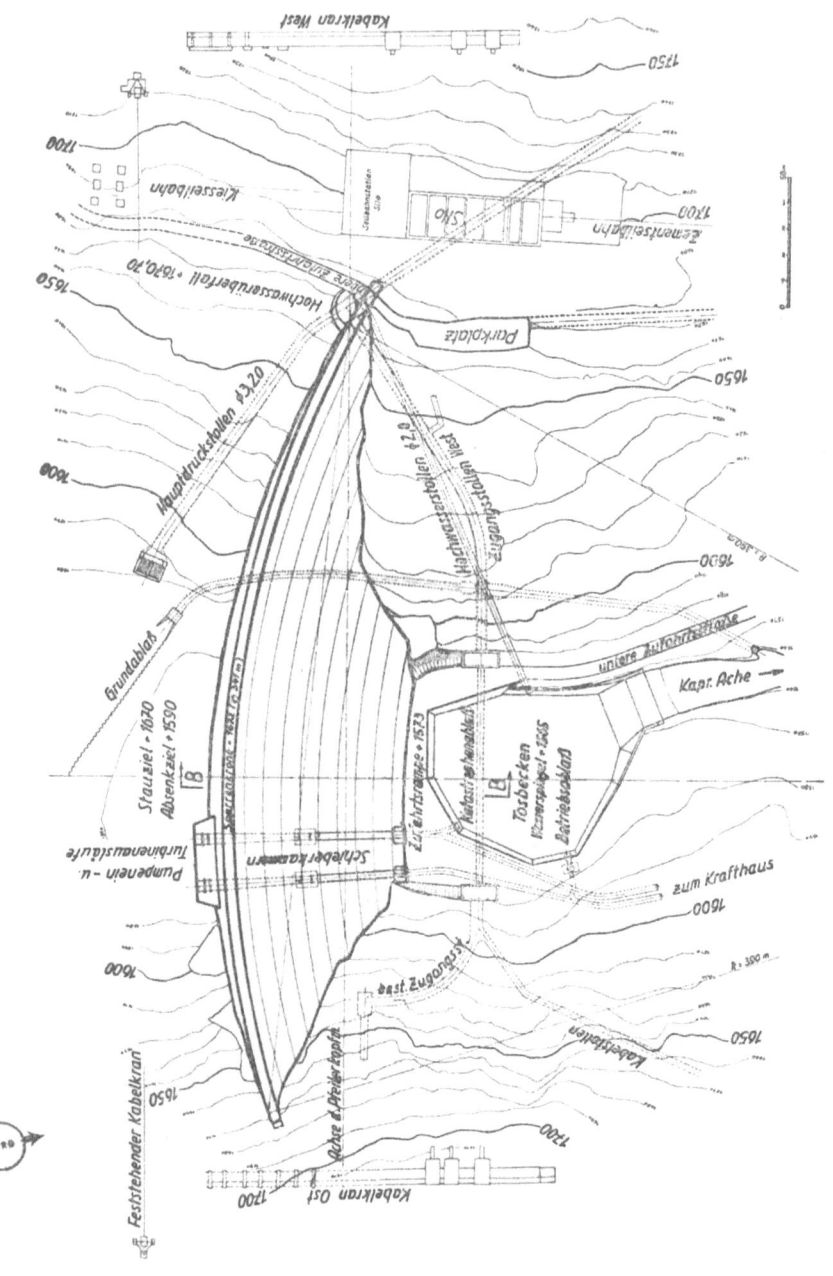

Abb. 19. Grundriß der Schwergewichtsmauer

schaftlichen Gesichtspunkten aufzustellen, wäre auch schon Aufgabe der ersten Leitung der Alpen-Elektrowerke A. G. gewesen.

Die Bogensperre nach Prof. Stucky war aber auf Grund geologischer Gutachten nach Süden verschoben, so daß der Bogenscheitel nahe an das Einlaufbauwerk des Druckstollens rückte. Der Umlaufstollen bzw. der Grundablaß hätte nach Süden verlegt, die Baugrubenumschließung neu hergestellt werden müssen und die Kabelkranfahrbahnen wären um 40 m nach Süden zu verlängern gewesen. Dies hatte aber mindestens ein Jahr Bauverzögerung bedeutet. Dadurch, daß im Spätherbst noch der Osthang durch einen Probestollen aufgeschlossen werden konnte und daß in seinem obersten Teil die Fundamente für die geplante Pfeilerkopfmauer ausgebrochen worden waren, konnten die Geologen erklären, daß die Widerlager der Bogenmauer im allgemeinen an der gleichen Stelle wie die Pfeilerkopfmauer in den Fels einbinden können. Es bestand also nur mehr die Aufgabe, die Bogenmauer so zu formen, daß praktisch die Herdmauer dieser Mauer und der Pfeilerkopfmauer örtlich gleich liegt. Die Tauernkraftwerke A. G. hat einen solchen Entwurf ausgearbeitet und der Wasserrechtsbehörde zur Genehmigung eingereicht. Diese hat die mündliche Vorgenehmigung zum Bau einer Bogenmauer nach dem Entwurf der Tauernkraftwerke A. G. im Juni 1948 erteilt, wie ihn die Abb. 20 zeigt. Die Mauer ist eine Gleichwinkelmauer, was dadurch erreicht wurde, daß am Westhang im oberen Teil ein künstliches Widerlager geschaffen wird. Das Kraftwerk der Oberstufe wird an den Fuß der Mauer zu liegen kommen. Die Baustelleneinrichtungen erfahren keine Änderung, so daß alle Voraussetzungen dafür gegeben sind, in der gegebenen, laut Bauprogramm festgelegten Bauzeit, die Bogen-

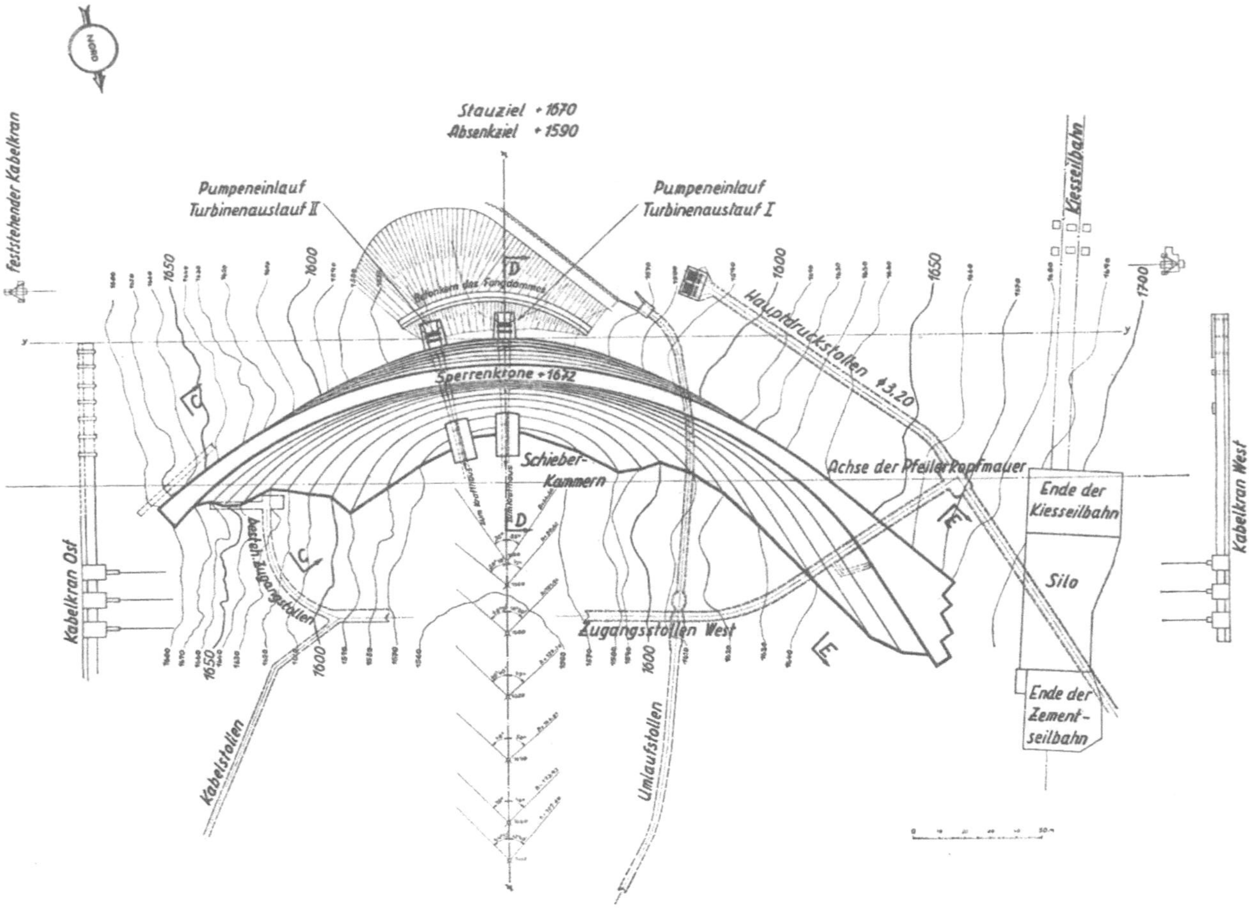

Abb. 20. Grundriß der Gewölbemauer, Entwurf TKW 5

mauer zu vollenden. Die Betonkubatur beträgt 490 000 m³. In der Abb. 18 sind die Querschnitte der Gewölbemauer dargestellt, der Querschnitt D—D ist der Mittelquerschnitt, der Querschnitt C—C am Osthang und der Querschnitt E—E ein Schnitt durch das Widerlager am Westhang.

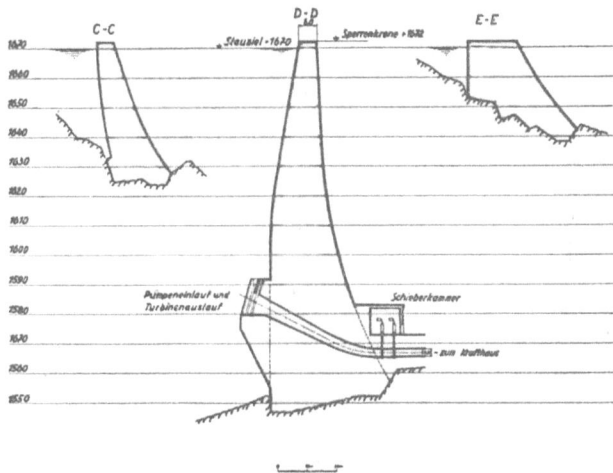

Abb 21. Querschnitte der Gewolbemauer

Zum Vergleich ist in Abb. 16 die Schwergewichtsmauer wiedergegeben. Sie ist im Grundriß gegenüber der Bogenmauer auf dem Osthang nach Süden verschwenkt. Die Baustelleneinrichtungen brauchen keine Veränderung zu erfahren. Die Betonkubatur beträgt bei dieser Mauer allerdings 730 000 m³. Bei der gegebenen Leistungsfähigkeit der Betonieranlagen und der kurzen Sommerbausaison wäre somit eine Verlängerung der Bauzeit eingetreten.

Die Abb. 22 bringt einen Vergleich der der

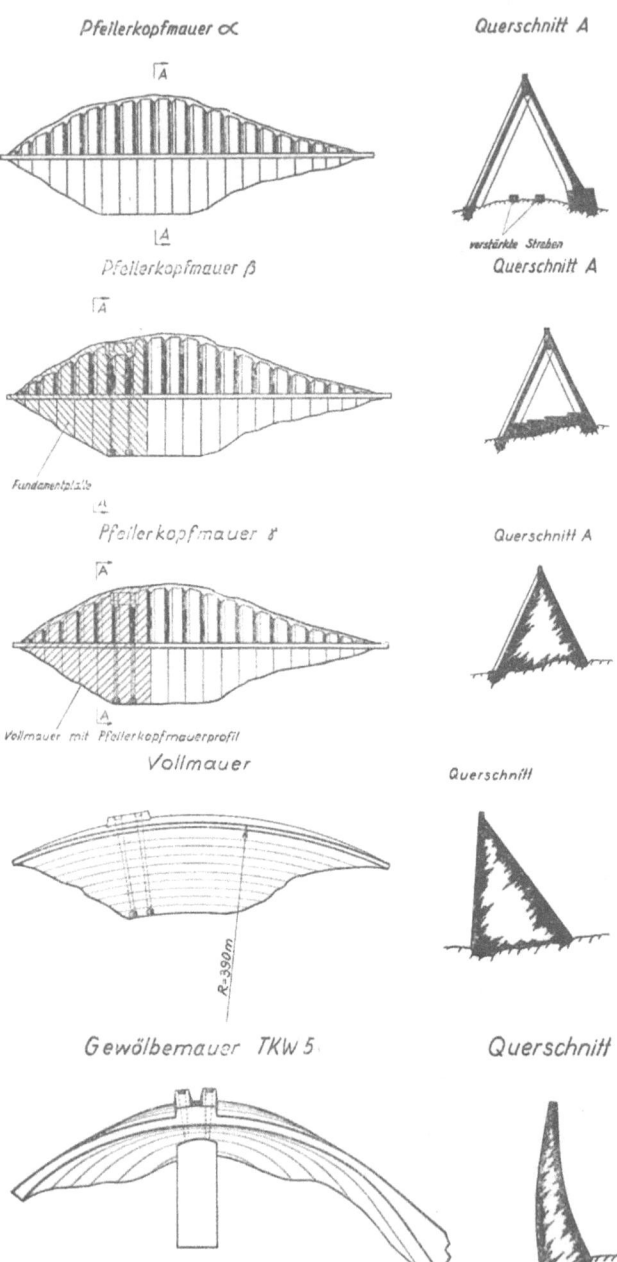

Abb. 22. Vergleich der einzelnen Mauertypen

Wasserrechtsbehörde vorgelegten Mauertypen. Zunächst sind die drei Varianten für die Pfeilerkopfmauer dargestellt, und zwar Variante „α" mit den verstärkten Strebenzügen, Variante „β" mit der Fundamentplatte am Osthang und Variante „γ" als Vollmauer am Osthang, jedoch in der Form einer Pfeilerkopfmauer, weiter die Schwergewichtsmauer und als letzte die Gewölbemauer (Entwurf 5). Der Kubaturvergleich zeigt, daß die Gewölbemauer mit 490 000 m^3 nahezu gleich ist der ursprünglichen Pfeilerkopfmauer nach Prof. Stucky mit 480 000 m^3.

Die vordringlichste Aufgabe ist es nun, so rasch als möglich das erste Stauziel auf Kote 1590 zu erreichen, damit der provisorische Hilfsdamm auf Wasserfallboden außer Betrieb kommt und damit auch das Holzrohr, weil für einen längeren Bestand dieser Anlage die Gewähr nicht mehr gegeben ist. Aus Tabelle 1 (siehe umstehend) ist zu entnehmen, daß im August nächsten Jahres das Stauziel 1590 bei allen Mauertypen hätte erreicht werden können, wobei zu bemerken wäre, daß das Diagramm der nicht hier dargestellten ursprünglichen Pfeilerkopfmauer gleich ist dem Diagramm der Gewölbemauer. Dieses Stauziel 1590, bzw. bei der Vollmauer 1599, bleibt jedoch bei allen Typen bis zum Jahre 1951 erhalten, während bei der Gewölbemauer noch im kommenden Jahr durch besondere Einrichtungen das Stauziel 1610 erreicht wird. Energiemäßig ist daher die Gewölbemauer der ursprünglichen Pfeilerkopfmauer gleich. Abschließend kann also gesagt werden, daß lediglich die ursprüngliche Pfeilerkopfmauer mit der Gewölbemauer in Konkurrenz treten kann. Die Ausführung einer Pfeilerkopfmauer ist aber auf Grund der Gutachten der Experten der Wasserrechtsbehorde nicht gegeben. Das Endstauziel 1670 wird Mitte 1952 erreicht. Es ist dies der früheste

Tabelle 1. Vergleich der Stauziele bei den einzelnen Mauertypen

Sperrentype	Gesamtkubatur m³	Füllungstermin, Ende		Stauhöhe	Stauraum		Speicherenergie in GWK
Pfeilerkopf-Mauer Variante „α"	515.000	Mai	1949	1590	1 5	hm³	2·6
		Marz	1951	1630	29·4	,,	53·5
		August	1952	1670	80·0	,,	152·0
Pfeilerkopf-Mauer Variante „β"	575.000	Marz	1949	1590	1·5	hm³	2·6
		April	1951	1622·50	21·9	,,	39·6
		Marz	1952	1640	40·9	,,	74·8
		Oktober	1952	1670	80 0	,,	152·0
Pfeilerkopf-Mauer Variante „γ"	610.000	Mai	1949	1590	1 5	hm³	2·6
		Mai	1951	1620	19 4	,,	35 1
		April	1952	1642	43·4	,,	79·4
		April	1953	1670	80·0	,,	152·0
Vollmauer	730.000	Juni	1949	1599	3·4	hm³	6 0
		Juni	1951	1617	16 6	,,	30·0
		Juni	1952	1643	44·4	,,	81·0
		Mai	1953	1650	52·9	,,	97·3
		Mai	1954	1670	80 0	,,	152·0
Gewölbemauer TKW 5	490.000	Juni	1949	1580	1 5	hm³	2·6
		August	1949	1590	10·3	,,	18·5
		Oktober	1949	1610	29·4	,,	53·5
		Oktober	1950	1630		,,	
		Oktober	1951	1650	52·9	,,	97·3
		Mai	1952	1670	80·0	,,	152·0

Termin, zu dem auf Grund der Gegebenheiten die Fertigstellung der Hauptstufe des Tauernkraftwerkes möglich ist.

Die Aufgabe der Tauernkraftwerke A. G. ist es daher, alles zu tun, um nunmehr entsprechend dem genehmigten Mauertyp die einzelnen Bauphasen programmgemäß durchzuführen. Hierzu ist es aber erforderlich, daß alle maßgebenden Stellen der Zentralbehörden und der Länderbehörden tatkräftigst mitwirken, um die einmal erkannte Notwendigkeit, den Bau des Tauernkraftwerkes zu Ende zu führen, mit allen Mitteln zu unterstützen. Alle Voraussetzungen für eine große Energiegewinnung sind geschaffen. Um aber die derzeit in Kaprun im Sommer erzeugte Energie im geplanten Umfang für den Winter zu gewinnen, ist die Errichtung des Speichers ein unbedingtes Erfordernis. Je eher dieses Ziel erreicht wird, um so geringer werden die Ausbaukosten sein. Es darf nicht vergessen werden, daß die gesamte Baustelleneinrichtung für eine beschränkte Baudauer errichtet ist. Die Anlagen sind also mehr oder weniger Provisorien. Je länger die Bauzeit dauert, um so öfter müssen einzelne Teile ausgebessert und erneuert werden, was naturgemäß die Baukosten erhöht.

Alle Voraussetzungen, im Jahre 1948 die Mauer bis zur Kote 1580 zu betonieren, sind geschaffen. Not an Arbeitskräften besteht in diesem Jahre nicht. Die wirtschaftlichen Verhältnisse zwingen, sich nach Arbeit und Verdienst umzusehen und es melden sich genügend geschulte Arbeitskräfte aus den Bundesländern Kärnten, Tirol, Salzburg und Oberösterreich. Auch die Bewirtschaftungsmaßnahmen blieben im allgemeinen durch die Unterstützung der beteiligten Stellen ohne besonderen nachteiligen Einfluß, wenn auch in einzelnen Fällen die Einschaltung der höchsten Stellen erforderlich war. Immerhin ist in den breitesten Kreisen die Wichtigkeit des Baues des Tauernkraftwerkes anerkannt und findet allgemein die notwendige Beachtung.

Die Betonierarbeiten haben trotz ungünstigster Witterung in den Sommermonaten nach unerhörten Anstrengungen aller Beteiligten, bei Bewältigung von 75000 m^3 besten Felsuntergrundes, am 8. September begonnen. Bis 9. Oktober wurden 11000 m^3 Beton eingebracht, so daß mit der Erfüllung des heurigen Bauzieles, das ist die Verarbeitung von 36000 m^3 Beton, mit Sicherheit zu rechnen ist.*

Damit ist der erste und entscheidende Schritt für die Limbergsperre, den wichtigsten Teil der Hauptstufe des Kraftwerkes Glockner-Kaprun, getan, und es ist zu hoffen, daß Kaprun in Zukunft seinen Teil zum Aufbau der österreichischen Wirtschaft in vollem Maße beitragen wird.

---

* Inzwischen ist in der zweiten Novemberwoche 1948 das beabsichtigte Bauziel voll erreicht worden.

MIX
Papier aus verantwortungsvollen Quellen
Paper from responsible sources
FSC® C105338

If you have any concerns about our products,
you can contact us on
ProductSafety@springernature.com

In case Publisher is established outside the EU,
the EU authorized representative is:
**Springer Nature Customer Service Center GmbH
Europaplatz 3, 69115 Heidelberg, Germany**

Printed by Libri Plureos GmbH
in Hamburg, Germany